這樣開會
最聰明

**有效聆聽、溝通升級、
超強讀心，史上最不心累的
開會神通100招！**

莎拉·古柏
Sarah Cooper

陳重亨───譯

*100 Tricks
to Appear Smart
in Meetings*
*How to Get By
Without Even Trying*

獻給我的家人、朋友和工作夥伴
特別是身兼三者的你

今日議程

開場白

我要說的就一次說明白
各位不必再問第二遍

跟大家一樣，我在開會時最想做的事情就是趁這個機會表現出自己是多麼聰明。但你要是開會的時候淨想著下次去哪裡渡假啦，或者只想要偷賴打瞌睡或吃點什麼，那要有好表現就有點困難了。一旦出現這種情況，最好是有幾個絕招可以緊急救援。我這本書就是要教你一百個絕招，萬一狀況發生時可以派上用場。

　　有人說，做事要放聰明點，而不能只是一昧地埋頭苦幹，但我要說的是，根本也不必刻意裝模作樣，你儘管去休息打瞌睡。只要各位學會我這裡提供的所有策略，徹底消化，轉為行動，那麼你就是踏上康莊大道，日後必定是公司的 A 咖，但你這樣的一帆風順是不知不覺就辦到了，你自己甚至都不知道怎麼回事。

　　我能問你一個簡單的問題嗎？

　　你會去開會吧？

　　你想在職場上取得領先嗎？

　　回答這些不求解答只想表達觀點的問題很高興是吧？

　　你買這本書是為了你自己還是為了別人？

　　那麼這本書就是寫給你看的。或者是給那個別人看的。

為什麼要開會？真的，為什麼啊？

原因有許多。我們開會是為了「合作」、分享「資訊」，向大家證明我們的「工作」不是「沒用」，但最主要是因為我們不能及時找到什麼好理由不去開會。

根據估計，我們醒著的時間大概有 75% 是在開會，每年舉行的會議高達一千一百萬個。不過這些會議裡頭，有三分之一以上是為了規畫另一次會議而召開的，另外有六分之一的會議是因為我們自己不專心，所以要求對方把他說過的事情再說一次，還有六分之三的會議其實用電子郵件就能搞定。

開會時根本沒人專心注意。所以你如果想要獲得成功，在這方面就要跟別人一樣，不必太拼命。事實上，開會是讓你展示領導才能、軟實力和大腦分析創造思考能力的好機會，這種機會可不多啊！開會就是其中的一個。

你在開會的時候表現得越聰明，就會有越多人找你去開會，那麼你表現出聰明的機會也就越多。然後你就會越早跟那些企業執行長一樣，坐上皮椅轉圈吹口哨，高高在上睥睨眾生君臨天下。

這本書是怎麼來的？

我會寫這本書，是因為有人會付錢給我啊。而且也因為有個截稿日期，所以我要拼命寫。

我是在 2007 年夏季開始寫下這些開會祕訣，當時我在雅虎公司上班，跟公司的董事、副總、資深副總、資深副總兼董事開了大大小小的許多會，親身觀察到許多經驗。七年後我在 Google 擔任經理，又被找去開了更多的會，次數之多可說前所未有。在這光輝燦爛的職場生涯中，我是怎麼做到如此又高又遠的強力彈升呢？因為我開會的時候就像是鶴立雞群，錐處囊中，脫穎而出，看起來就是聰明得要命。

開會時的時間分配

資料來源：TheCooperReview.com

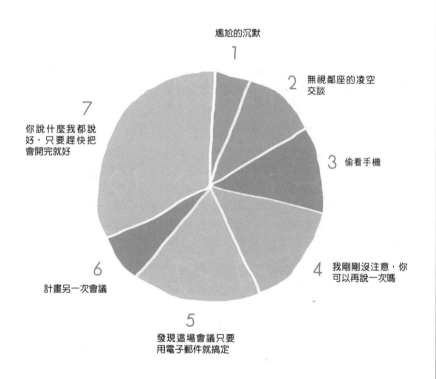

1 尷尬的沉默

2 無視鄰座的凌空交談

3 偷看手機

4 我剛剛沒注意，你可以再說一次嗎

5 發現這場會議只要用電子郵件就搞定

6 計畫另一次會議

7 你說什麼我都說好，只要趕快把會開完就好

這本書有什麼料？

我會非常深入，深到超乎你的想像，深入探討各式各樣的會議，從一對一的兩人會議到一對多的提案發表會都包括在內，讓各位學會一些簡單的辦法，不管碰上什麼狀況都能搞定開會這個遊戲。而且我還會讓你在正常工作環境之內和之外的表現統一起來，讓你在不開會的時候也能展現自己的軟實力。對於一些棘手和複雜的困難技術，我也不會放過，例如開會時臉上該做什麼表情之類的。

這本書要提供各位技巧和方法，還有其他許多可稱之為「策略」的大方向，這些都是讓你的職場生涯超越瘋狂夢想所必須要有的，而且做起來毫不勉強。

最後來個振奮人心的總結

認知即是現實。這句話，我想是哥倫布說的。他說得沒錯。我現在就是把自己所知道的一切傾囊相授，而且真心期盼這些對我大有助益* 的技巧和方法也能幫助各位。

＊：我現在正處於永久的休整期。

職場生涯的可能

資料來源：TheCooperReview.com

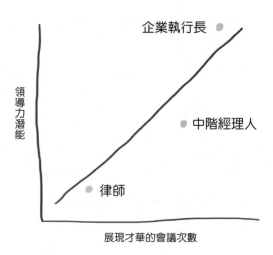

本書閱讀指南

1 ☐ 請先買下這本書

2 ☐ 還要買來送給你的工作伙伴（你喜歡的那些）

3 ☐ 一起開個會討論這本書

4 ☐ 開完會後再安排一場會議，不必找什麼特別的理由

5 ☐ 你的辦公桌要放一本

6 ☐ 所有的會議室裡頭也要擺一本

7 ☐ 你的手提包裡一也要有一本，出差時備用

8 ☐ 床頭桌子也要放一本，剛好可以擺手機

第一部

做好準備

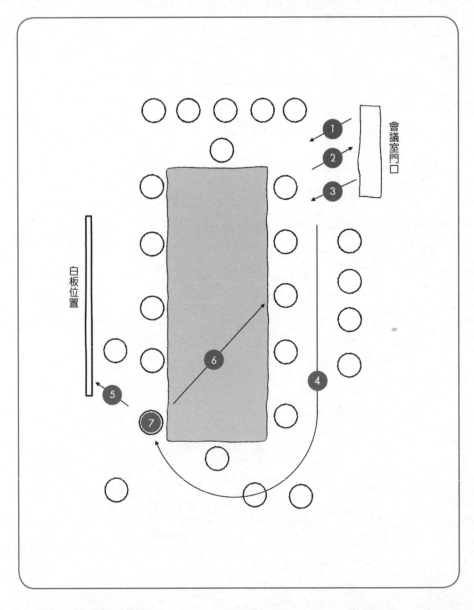

會議室攻略本
進入會議室

開會的時候，你步行、坐下、或倚或立的位置，都可能帶給別人不同的想像，他們可能覺得你像是未來的副總，或者是更高層級的資深副總。所以你要按部就班地照著這個劇本走，一進會議室就全力散發出聰明睿智的氣息。

1. 走進會議室；問問看有沒有人需要什麼東西。（參見技巧＃61）

2. 走出會議室，去喝杯咖啡，上個洗手間。時間還早，慢慢來。

3. 回到會議室記得帶著飲水和一些零嘴，就算沒人叫你帶什麼東西進來。

4. 座位要靠近會議領導，看起來就像是你也一起主持會議。
   （參見技巧＃33）

5. 在白板上寫幾個關鍵詞。（參見「白板戰術」）

6. 不要迴避你的職場剋星，一定要跟他做目光接觸。

7. 身體往後靠，看著天花板，同時把雙手抱在腦後，像是在仔細思考什麼事情。

全員大會

10 個展現睿智
的關鍵策略

全體大會通常可以分為三類：痛苦、沒用，或是精神折磨。但是不管你置身哪一種，你可以肯定的是，這十個好辦法中的任一個都能讓你顯得才智超卓。

#1 畫一幅維恩圖
(Venn diagram)

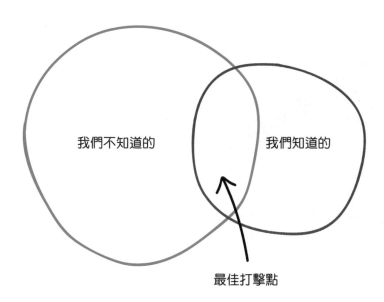

我們不知道的　　　　　　我們知道的

最佳打擊點

站起來走到白板前畫個維恩圖，是表現聰明的好方法。你這個圖畫得很不精確也沒關係；事實上是越不精確就越好。這時候你白板筆都還沒放下，同事們已經議論紛紛，熱烈討論那幾個圓圈各自代表什麼意思，還有那幾個圈圈應該要畫多大才對。趁這時候你就偷偷溜回座位，繼續打你的「糖果炸彈」（Candy Crush）。

#2 把百分比化為分數

那麼大概就是
四分之一囉

大概有 25% 的用戶
會按這個按鍵

要是有人說「用戶裡頭大概有 25% 會點擊這個按鍵」，你要馬上接著表示：
「那大概就是四分之一囉！」這時候大家都會點頭同意，不但對你留下深刻
印象，而且都會偷偷羨慕你數學好。

#3 鼓勵大家「後退一步」

我們可以
先退後一步嗎？

在許多會議上都會看到大家七嘴八舌爭先搶話，互相爭執不下的時候，只有你置身事外。這正是你挺身而出的最佳時機：「各位！各位！各位！我們可以先退後一步嗎？」你一開口，大家都會轉頭看著你，對於你鎮服爭執的能力感到驚訝。然後你快速追擊：「我們現在真正要解決的問題是什麼呢？」哇！你為自己的聰明表現又爭取到一個小時。

#4 不斷地點頭，
假裝在做筆記

繼續前進
紅色按鍵
成功測試
贏得紅色用戶
媒介

筆記本一定要隨身攜帶。你拒絕科技產品的姿態會贏得崇敬。你要記筆記，
但是你聽到的句子裡頭，每一句只要記下一個字就夠了。一邊記筆記，一邊
不停地點頭。如果有人問你是不是在做筆記，你要很快地回答，這些只是你
個人的記錄，會議記錄應該是有其他人負責。

#5 重複那個工程師最後說的話，但要說得很慢很慢

讓我再說一次

你記得會議室裡頭那位工程師，想起他的名字。他在會議中大多數時間都很安靜，等到他的時刻到來，他所說的每一句話都展現才華洋溢。等他說完那些聖語綸音以後，你要馬上接著說「讓我再說一次」，然後把他剛才說的話原封不動再重複一次，但說話的速度要非常、非常緩慢。現在大家回想起這場會議的時候，會誤以為那些聰明睿智的話是你說的。

#6 問說「可是這個規模能做大嗎？」 不必管是什麼規模

可是這個規模
能做大嗎？

不管你們是在討論什麼事情，都要搞清楚規模能否做大。雖然可能沒人知道這到底是什麼意思，但是這句話通常都能符合那些工程師的口味，很能打動他們。

#7 在會議室中踱步走動

開會時要是有人敢站起來繞圈，不會讓你馬上覺得很敬佩嗎？我就滿佩服這種人的，因為實在很勇敢。這很需要勇氣，但要是你也敢站起來走一走，馬上就能展示出自己的聰明睿智。你可以在會議室裡頭隨便走走，走到角落，靠著牆。緩緩深呼吸，故作沉思地嘆口氣。相信我，因為大家都不知道你在想什麼，他們嚇得都快尿褲子啦。可惜他們都不知道（其實是想要吃點什麼啦）。

#8 請主持人 翻回前一頁投影片

抱歉，可以翻回
前一頁投影片嗎？

「抱歉，可以翻回前一頁投影片嗎？」這句話是任何主持人都不會想要聽的。
但不管你在會議的什麼時候喊出這句話，都會讓你表現出比任何人都認真聽
講的樣子，因為剛剛有什麼訊息顯然大家都忽略了，幸虧有你聰明睿智而果
斷地指點，他們才注意到。其實也沒有要指點什麼嗎？那也沒關係，你只要
默默地盯它幾秒鐘，然後說：「好了，我們繼續吧。」

#9 走出會議室 接重要電話

各位抱歉，
這通電話一定要接⋯⋯

你可能會擔心，要是走出去接電話，大家説不定會覺得你對會議不夠重視。但有趣的是，要是你在開會時敢走出去接一通「重要」電話，大家都會以為你一定很忙、很重要。他們會説：「哇！這個會議很重要，但他還有些事情比這個更重要。好吧，我們最好不要打擾他。」

#10 自我解嘲

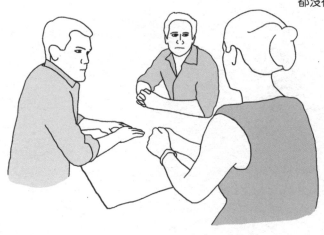

我剛剛兩個小時
都沒在聽欸

如果你剛剛一個小時都在恍神，沒仔細聽別人說什麼，現在卻被問說有什麼想法，那你可以回答：「老實說，剛剛一個小時以來我都沒在聽欸。」這種自貶式的幽默，大家都會喜歡。你要是說「不然就找我的離婚律師吧」或者「老天啊，我還是死了算了」，大家都會覺得好好笑，讚賞你的誠實。他們會考慮找人資單位探聽你是何方神聖，而且最重要的是，會覺得你是會議室裡頭最聰明的一個。

白板戰術

可資利用的
21 種無意義圖形

在開會的時候要上台到白板前畫個什麼圖，可能會讓人覺得很害怕吧，畢竟
大家都只會坐在椅子上不敢站起來亂動。所以啦！這正是你表現出聰明睿智
最簡單的方法嘛。你光是敢站到前面去，就會讓你的領導力爆表增加十倍。
可是你要上去畫什麼呢？畫什麼都沒關係！就算是到前面去，畫了一堆箭頭
指向自己的屁股，還是可以表現出你超級聰明。不過各位如果需要更多點子
的話，以下介紹的無意義圖形都儘管拿去試試。

願景

1. 畫個圓圈，中間寫上
「願景」。提醒大家，我
們所做的一切都必須以未
來的願景為中心。

2. 畫一個三角形，再畫
一個箭頭指向它。然後問
說：「我們所關注的焦點，
是正確的嗎？」

3. 畫一個奇怪的桶子，
說它是個漏斗。然後說：
「我們現在要決定的是，
能爭取到最適量客戶的最
佳途徑。」

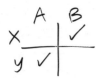

4. 畫一個十字象限，
再加上幾個字母、打幾個
勾。問說：我們是不是已
經達成所有要求。

5. 畫出一個樹狀格子
圖，大格子擺在上頭，代
表重要的人，小格子分布
在底下，表示不重要的。
然後問說：「我們現在正
在建立什麼樣的層級結
構？」當然你現在看起來
就是個大格子。

里程碑

現在　　　　　　　　上市日

6. 畫一條線代表從現在
到上市日，中間區分出幾
個階段。這會讓大家覺得
你很會擬定工作計畫。

BACKEND
↓
後端

FRONTEND
前端

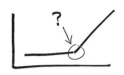

7. 寫下「後端」和「前端」，用箭頭連起來，然後說：我們現在必須把後端和前端連結起來。這會讓你看起來很有科技能力的樣子。

8. 畫一個披薩餅，裡面擺一個問號。你說：每一個計畫裡頭都會有幾個不同的部分，我們必須搞清楚哪些是主要、哪些是次要的。

9. 畫一條 X 軸和 Y 軸，再畫一條像是曲棍球棒的曲線，把那個轉折處圈起來，問說：我們怎麼讓它向上成長？怎麼讓它成長十倍？

策略
STRATEGY

資料 DATA

10. 寫幾個大大的字，例如「策略」、「目標」或「行動計畫」，底下再畫兩條線。這時候你儘管坐下來吧，你的團隊都很清楚你是認真的。

11. 畫幾個人，說我們需要討論一下我們的客戶。把其中一個圈起，然後說：「這是露西，露西是個媽媽。露西想要什麼？誰在乎她要什麼？我們想要什麼才是關鍵！所以露西到底想要什麼？」

12. 畫幾個圈圈和隨便一些名詞，像是「資金」、「資料」或「熱狗」。把那幾個圈圈和事物連接起來，問大家說：我們要怎樣把這些重點連接起來。

13. 畫一條線,兩端加上箭頭。先走到一端,說出一個詞,然後再走到另一端,說出一個意思跟剛剛相反的詞。然後問大家說:我們應該是在哪一邊。

14. 畫一個方格,和一個向外的箭頭。然後說:我們都不想被侷限在框框裡頭。

15. 畫出一朵雲,然後說:「我們來談談藍天」或是「這朵白雲如何如何」。不管你談哪一個啦,都會讓你看起來就像是個創意大師一樣。

路線圖

16. 寫下「路線圖」然後把它框起來。你可以問問同事:「我們的路線圖是怎樣?」大家就會覺得你很關心如何達成目標。

17. 畫兩條直線隔成三個部分,分別標上 A、B、C。要求團隊把這次討論區分成三種不同的思考,然後你就回去坐好,看別人忙吧。

好點子

18. 寫下「好點子」,然後用波浪線把它圈起來。這可以表示你真的很想聽到一些不同的想法,而那個波浪線會顯示你的思考一定是非常靈活。

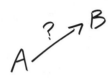

19. 畫一條線，兩端寫上 A 和 B。問說：「我們要怎麼從 A 點到 B 點呢？」你的同事會對你解決問題的手法如此簡單明瞭而大加讚賞。

20. 寫下 1、2、3，加上箭頭。問說我們需要採取哪些步驟，這些步驟要怎麼做。然後把大家說的寫下來。

21. 畫一個三角形，每個角都打一個問號。你說偉大的策略都要有三個堅實基礎，然後問說：「我們的基礎是什麼？」

一對一
溝通

如何說服你
關心的同事

有一次，我的一位同事拉著我談心事，講他對一些事的感受什麼的。老實說，我也聽不懂他要說什麼。這問題的關鍵是，傾聽同事說話其實很不容易。但萬一當下只有你跟他兩個人，你對他的講述是否專心貫注、全力參與，是否超越任何人所能期待地用心體會，都會被對方極為仔細地檢視。

　　以下有十個技巧，保證可以博得同事的尊敬，但不會讓他知道你在那個時候一點也不想跟他待在一起。

#11 在開會之前的最後一分鐘傳訊息，
問他是否仍需要開會

今天還是要開會嗎？

不用了

在馬上就要開會之前傳送簡訊給同事，問他是不是還需要開會。你可以說你是想確認雙方都有這個時間，也確定你們兩個都不會因為開會而耽誤公司的要事。對於你這麼重視他的時間安排，你的同事必定是印象深刻。他很可能因此而取消會議，那你就可以免除討論要事的壓力，而且還會有一個長長的下午可以盡情地上網看影片貼廢文。

#/2 說你有急事正在忙

麻煩等我
幾秒鐘……

你要先到達會議室，然後就開始開信箱讀電子郵件。等到你的同事到來時，他會有像是進入你辦公室的感覺。你親切地問候他之後，就說你現在有重要的事情正在忙，請他再等一下。如果要裝得更像一點，就請他在會議室外頭等。這會讓你馬上高出他一截，有位高權重的感覺，到時不管他是要跟你說些什麼，都比不過你。

#/3 說你沒有預設議題

我們要談什麼？

我也不知道

對於每週都會開的會議，你可以先表明沒什麼特別的事情要說，讓你的同事可以放輕鬆。因為你沒有預設的討論議題，看起來就是親切而平易近人。然後你再對他施點壓力，要他找點事情來討論一下，要是找不到的話你可以假裝生氣，並建議提前散會。如果這種情況連續出現幾個星期，那麼這個會議其實就可以取消囉。

#14 回應不驚不疑，讓對方以為你早就知道

對啊，沒錯，當然

對於同事發言，你的回應必須像是早就瞭然於心，他說的一切似乎都很明顯。你可以用以下這幾句話來打斷他的發言：「對啊」、「沒錯」、「是的，當然」、「喔，這大家都知道嘛」或者是「早就知道了」。

#/5 提議邊走邊談

我喜歡
邊走邊談

要是同事來找你聊一聊，你可以建議邊走邊談，這樣的效果一向很不錯。你可以告訴他說，你喜歡邊走邊開會，走路讓你感到思慮澄明，跟史帝夫‧賈伯斯一樣。

#16 當同事談到問題時，請他舉個例子

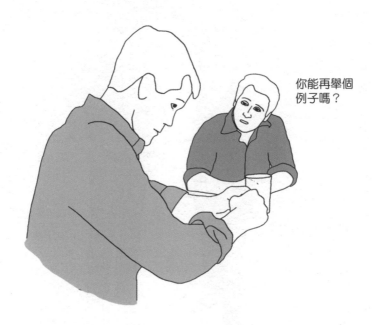

你能再舉個例子嗎？

當你的同事提起他碰到的問題時，請他舉一個具體的例子，然後請他再舉一個更具體的例子。你可以告訴他說，你需要幾個例子才能歸納出有什麼模式。最後你可以跟他說，當他收集到更多例子時，你們再來討論這個問題。

一對一會議時都在幹嘛？

資料來源：TheCooperReview.com

12%　祈禱同事不要哭

20%　忍著讓自己不要哭

30%　在哭

90%　假裝很關心

96%　想提早15分鐘散會

52%　聊天氣

63%　覺得那些老是談天氣的人最討厭

92%　講別的同事的八卦

16%　夢想「靠自己雙手打造」的職場生涯

#17 說一些顯然不會被反駁的話

關於這件事，
我們要聰明一點

讓同事同意你說的每一句話，是表現出聰明的絕佳方式。而要做到這一點，最好的辦法就是說一些讓他不得不同意的話。以下就是一些最佳表述：

• 事實就是如此啊。

• 對這個問題，我們要聰明點。

• 我們的重心要擺在重要的事情上頭。

• 我們必須做出正確的選擇。

• 我們要處理的，只有事實和大家有什麼看法。

#18 任何討論都要搞得很神祕

這件事我本來是
不能說的……

對於你的發言，就算是大家都知道的事情，也須要求同事絕對保密。這會讓
你說的話都顯得特別重要。這樣做的話，也會讓他更容易透漏一些不該講出
來的訊息，你以後要對付他可就不缺把柄囉。

#19 分享一個「客觀」的意見

客觀地說，
我是團隊中
最有用的成員

所有的意見當然都是主觀的，除非你特別標明「客觀」。你要是開頭就點明「客觀來說」，那麼之後不管你的同事怎麼想，你剛剛說的話放在任何語意脈絡或環境中都會是百分之百的正確。客觀地說，你要說的每一句話都應該這麼開始。

#20 針對開會提出檢討

要表現出非常關心這次會議是否有用、是否有幫助。問你的同事該怎麼進行，可以讓這個會議變得更好，然後說你下次會試試看。不過別當真。

情感智力
計畫

關於臉部表情

在會議中做足表情是非常重要的事情。你在正確的時間做出正確的表情，就會讓你顯得與眾不同，而且會讓大家以為你對於討論事項都已充分理解。

不過有時候要即時做出正確表情，或者是不會讓人覺得老套的新鮮反應，也實在是滿困難的。各位要是在方面遇到困難，可以試試以下建議。

1. 皺起眉頭，歪著頭。這個表情是說：「這個點子好像以前聽過。啊！沒錯，這是你從我們的競爭對手那裡偷來的。」

2. 縮起下顎，緊抿著嘴唇。這個表情是說：「你要是能告訴我該怎麼做才對，那就太好啦！」

3. 揚起眉毛並微笑。這表情是說：「有人帶杯子蛋糕來了嗎？」

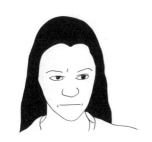

4. 看起來疲倦。這表情是說：「到底是誰老是把會議排在早上八點啊？」

5. 側臉斜看，稍稍皺眉。這表情是說：「你竟然只給我喝白開水？」

6. 淘氣地微笑。這表情是說：「有啊！我正在努力解決那件事。」

7. 閉上眼睛。這表情是說：「我很用心在聽，我發誓。」

8. 用拳頭頂著下巴。這表情是說：「你這個看法挺有趣的，南森，再說多一點。」

9. 揚起眉毛加指頭手勢。這表情是說：「哦，是的！我們真的忘了把這個決定記錄下來。」

10. 咧嘴而笑。這表情是說：「講得真好啊！老闆。」

11. 興奮激動。這表情是說：「哈哈！就快下班了。」

12. 側著臉微笑。這表情是說：「我昨晚不是在健身房看到你嗎？」

13. 做出一臉茫然的樣子。這表情是說：「這真的是、有史以來、最糟糕的想法！」。

14. 環顧會議室眾人。這表情是說：「有人把這個記下來嗎？」

15. 皺眉加微笑。這表情是說：「再開個會來討論這個？當然！」

16. 皺著鼻子。這表情是說：「有人放屁？」

17. 因害怕而退縮。這表情是說：「你怎麼用油性筆寫在白板上啊！」

18. 擺出高高在上的姿態。這表情是說：「光是我出席，就足以提升這次會議的價值！」

19. 側轉抬臉向上看。這表情是說：「有嗎？我沒說過要那麼做吧！」

20. 吃一口沙拉。這表情是說：「我正在吃東西，別來問我！」

21. 裝出膽怯的樣子。這表情是說：「是啊，這個簡化程序的問題，到現在已經討論十八個月了。」

電話會議

電話上
聽起來很聰明

假如你是從別的地方打電話進來參加會議，別人其實也不會知道這半小時以來你只是在偷看臉書上的小貓小狗照片。事實上，我寫這一段的時候也正在電話會議啊！但我就算只是透過電話，聽起來還是會議中最聰明的一個。怎麼辦到的呢？有十二個高招。

#21 問說：大家都來了嗎？

大家都到齊了嗎？
愛玲來了嗎？
托比呢？
托比你在嗎？

在會議開始之前，詢問大家是否到齊。你甚至可以特別點名某位是否已到，如果他不在現場，也要問他會不會來。這時候你的同事不但欣賞你的勤奮認真，而且也覺得你很關懷大家。

#22 說起你所在地區的天氣或時間

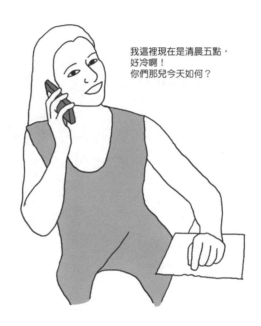

我這裡現在是清晨五點，
好冷啊！
你們那兒今天如何？

讓大家知道你是從裡打電話回來，而且要主動談到天氣，並且問一下他們那裡的天氣如何。你也要提一下你所在地區的時間，尤其是在那種大家應該都在睡覺的時候。如此一來，你對公司的盡心盡力大家可都聽在耳裡，但最棒的是這麼一來他們也不會對你太過要求啦。

#23 要求大家在不發言時要設定靜音

各位可以設定
靜音嗎？拜託

大家都討厭背景噪音，但只有真正的領導者膽敢發言制止。你要勇於打斷任何人的發言，問說：「哪來的噪音啊？」然後接著說：「各位如果不在發言的時候，請設定為靜音好嗎？」如此一來，通話會更為清晰順暢，這都要歸功於你的領導才能。

#24 要求會議暫停 以提取資料

我們先暫停一下，
我把那張圖表叫出來

當你需要找出必要資料時，應該要求大家停止發言，同時提醒大家必須要根據確實的資料來做決策。你也可以要求大家再仔細看看那些資料或數據。等大家確實都看了，再說：「OK！我們繼續討論。」然後你又偷偷地開始閱讀體育新聞啦、名人八卦啦。

#25 問說：「剛剛是哪一位發言？」

請問剛剛
是誰說話？

如果有人開始說話卻沒說他自己是誰，要馬上打斷並問道：「是誰在說話？」
就算你聽得出來他是誰。這是一個很棒的技巧，特別是你自己知道這場電話
會議中你可能沒什麼話要說的時候。

#26 使用「先進」的科技 參與遠距離會議

本人從未來世界
到此參加會議

你要向大家宣布，你正使用新的智慧手錶或其他什麼先進裝置來參加會議。
你勇於嘗試新事物必定讓同事們留下深刻印象，也會認為你必定比他們更了
解未來。不過為了預防這個開創新局的實驗失敗，你可以為自己萬一斷訊先
行道歉。

#27 有人提到大數目時，
以城市或國家的相關數字來說明

兩萬五千個客戶嗎？
那大概是加拿大薩斯
喀徹溫省一個小鎮的
人口吧。

當有人提到大數目時，要把它轉換成城市、國家或其他地理位置相關的數字。
要是你一時想不出哪裡可以借用，臨時編一個出來也行。同事們必然對你深
入掌握全球各地人口數字的能力刮目相看。

#28 把「太棒了」、「很有道理」或「好酷」掛在嘴上

非常謝謝。
很棒的看法。
真令人振奮。
酷！

因為開會時沒人看得到你在電話彼端的點頭微笑，所以至少每兩分鐘要插嘴說點話，讓大家知道你還在線上，而且是充分掌握大家的發言，儘管你其實是在玩「數獨」。這時候以下幾句正好派上用場：「謝謝你的意見」、「對啊，完全就是」、「針對這個我要再想想」、「好有趣」、「哇」、「嗯嗯」。

#29 在電話會議中傳即時簡訊給其他與會者

在開會時一邊與其他人傳送即時訊息,例如:「你覺得這個有道理嗎?」、「你對這個有什麼看法?」或者「我今天的午餐真是太讚了!」對於你能者多勞八臂神通的本事,你的同事想必十分驚嘆。

#30 建議離線後再討論

關於那一點，
我們可以離線後
再討論

要是你對大家的發言感到毫無頭緒，你可以建議離線，並提醒大家，這件事也許等到面對面溝通時再深入討論會比較好。如果有人追問深入討論是要怎麼討論，你可以說你現在還不是很清楚，但你很樂意聽取大家的看法（離線後）。

#3 / 確定大家看到的都是最新資料

我現在看的檔案是紅字標題的，各位有看到紅字標題嗎？

當大家正在查看資料時，要提醒說：「這個檔案修訂過好幾次，我想確定大家看的都是最新版本。」這時候大家就會忙著檢查彼此看的是不是同一版本，而且十分感謝你的提醒。

#32 要是有人問各方面都考慮到了嗎？
回答說：「是還有幾個想法，
不過我們再用 e-mail 溝通吧。」

這件事我以後會
再繼續追蹤

當電話會議接近尾聲時，主持會議的人都會希望討論毫無遺漏。這正是你突
出表現自己的好時機，你可以說還有幾件事需要討論，不過你會另外找機會
來談。這會讓你看起來像是在節省大家的時間，而且反正也沒人記得後續要
再追蹤什麼。

走向全球

加拿大
不管你說了什麼，說完就道歉。

美國
建議開會來規畫下一次會議。

牙買加
不要說工程延宕，是「慎重其事才安全」。

墨西哥
在工作會議上千萬不要第一個談到正事。

巴西
跟人握手時要握得越久越好。

在世界各地的會議上
展現聰明

英國
抱怨黑箱作業缺乏透明度。

芬蘭
被問到什麼問題時，要在回答之前做出長時間思考的模樣。然後說：「關於這個問題，我還要再多想一下。」

俄羅斯
學會用俄語說不「Nyet」。裝著一副激動的樣子，走出會議室。然後再平靜地回去。

日本
不要說「不」，要說「也許」。

摩洛哥
在開始開會之前，先問候大家的家人。

中國
吃麵的時候要大聲。

印度
問說：「我們可以相信這份資料嗎？」嚴厲地質疑所有資料，然後說「我們不能光靠資料就下決策」之類的話。

澳洲
會議開始的時候先提醒大家把心思放在這上頭，會議結束時要感謝大家的配合。

烏干達
先問說有沒有什麼協定，如果沒有的話，就說在更進一步之前要先達成協定。

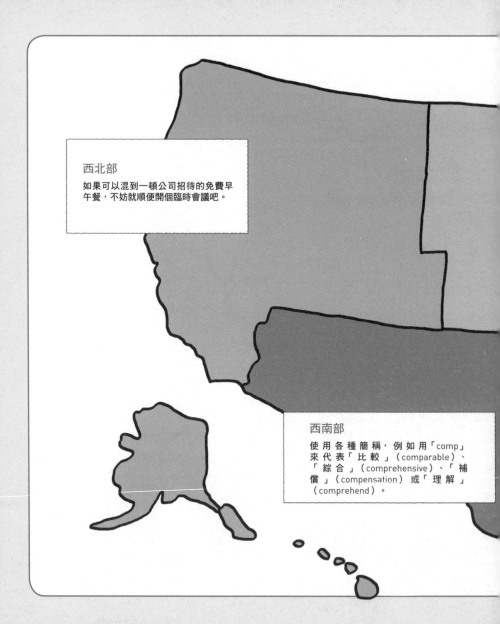

西北部

如果可以混到一頓公司招待的免費早午餐，不妨就順便開個臨時會議吧。

西南部

使用各種簡稱，例如用「comp」來代表「比較」（comparable）、「綜合」（comprehensive）、「補償」（compensation）或「理解」（comprehend）。

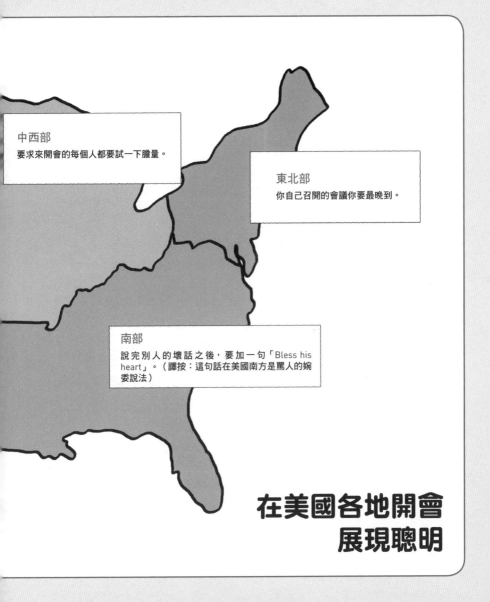

中西部
要求來開會的每個人都要試一下膽量。

東北部
你自己召開的會議你要最晚到。

南部
說完別人的壞話之後，要加一句「Bless his heart」。（譯按：這句話在美國南方是罵人的婉委說法）

在美國各地開會
展現聰明

核心對話

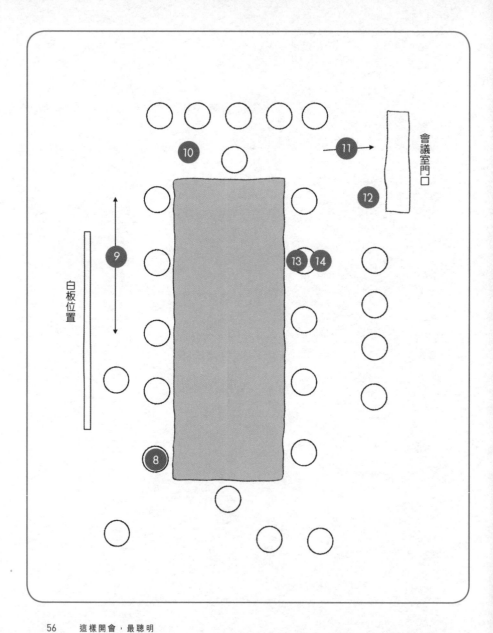

會議室攻略本
佔領會議室

會議真正開始以後，很容易失焦，缺乏集中貫注的氣氛。以下介紹一些技巧可以運用到開會上，這樣就沒人知道其實你早在開會之前就開始晃神了。

8. 你可以吃點東西，讓自己表現出專注警醒，而且這樣就不會有人想要問你什麼。偶而要向左、右看一看，表示你絕對不是狀況外。（參見「情感智力計畫」）

9. 站起來走一走。為了讓自己再加點分，你可以走到正在發言的那個人的後面。這樣保證會讓大家都緊張得要命。（參見技巧＃7）

10. 你可以走到窗前看著外頭，背對會議室，然後深深嘆一口氣。

11. 離開會議室去接聽電話。（參見技巧＃9）

12. 打完電話回到會議室以後，要站在門口附近，好像你隨時又會離開。

13. 最後呢，找個跟剛才不一樣的位置坐下來，不必理會大家的懷疑。

14. 大聲質疑說，不知道執行長對於這次討論會做何反應。（參見技巧＃67）

團隊會議

讓自己看起來
像個老大

不管是站著開會、坐著開會、工作進度報告還是全員大會,這些每天、每週、每兩週、每個月、每季或每年一次的會議,儘管都很討厭、大家也早就覺得日程表裡頭排這個是要幹嘛,但還是逃不掉。

但你要是能在這些會議上展現你的聰明睿智,有朝一日說不定大權在手,你就可以把它們全廢了。

#33 坐在會議領導者 的旁邊

坐在會議領導者的旁邊，就好像這個會議的議程是你和他商量出來，你會在適當的時候站出來挺他一樣。這會讓大家以為你也是這場會議的領導者，當他們在會議中報告最新狀況時，就好像是在對你報告。

#34 討論程序問題

我只是在想，
這個程序對嗎？

當有人報告最新訊息時，要問說這是否符合正確的程序。如此一來，這場會議可能偏離原本的目的，變成在討論正確程序是什麼，但你這時候可以指出程序越是明確，結果才會更好。這會讓你看起來像是一個目標導向而富於智謀的成員。

#35 打斷某人的更新報告，然後再讓他說完（搶鏡頭）

安東尼，我插一下嘴。各位，安東尼要報告季目標的最新狀況，大家都要仔細聽。請繼續，安東尼。

如果有人正在做工作計畫的更新報告，你可以插嘴打斷，讓大家都知道這個更新報告很重要。然後你再請那一位繼續報告。這會讓你建立主宰全場的氣勢。

#36 要求大家注意時間

我們的時間
控制得如何？

提醒大家進行報告必須簡短，因為我們希望這次開會很快就能結束。當你努力想要縮短會議時，就會是大家的英雄，即使最後結果也許是開得更久或是更多次。所以輪到你報告時，你要先詢問還剩下多少時間。如果只剩下五分鐘，你就說你的報告需要六分鐘，還是等到下次再報告吧。

會議與電子郵件的循環

資料來源：TheCooperReview.com

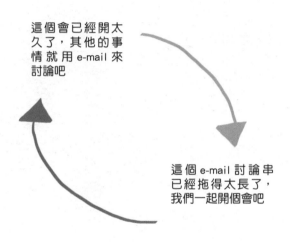

這個會已經開太久了，其他的事情就用 e-mail 來討論吧

這個 e-mail 討論串已經拖得太長了，我們一起開個會吧

#37 就算跟你無關，也要用最好用的「我們」

這件事我們真的
要注意一下

討論到別人的工作計畫時，就算完全與你無關，也要使用最有用的「我們」。
你可以這麼説：「你認為我們什麼時候可以決定那件事？」「那件事我們真
的要注意一下。」或是「哇靠，那件事我們真的搞砸了，對吧？」

#38 提醒大家，
我們的資源有限

我只是想提醒各位，
我們的資源有限

大家都曉得我們的資源有限嗎？是啊。但你要是特別說出來，還是看起來很
英明嗎？那當然。

#39 聽到有人提出問題時，
眼睛要看向
那個你認為會有答案的人

對於那些別人提出的問題，通常你也根本不知道答案。但是沒關係，不管問題是什麼，你只要把大家看過一輪，然後眼盯著大家目光焦點，很可能會有答案的那個人，也一樣可以展現出你的聰明睿智。要是真的沒有人知道答案，似乎真的讓很失望，那麼大家也都會知道那個傢伙真是讓你太失望了。

#40 在會議快結束時，
請幾位留下再談別的問題

瑪格，你可以
再留下來一會
兒嗎？

當你要求其中一兩位再留下幾分鐘，團隊其他成員就會猜想，他們為什麼都
沒被邀請？你們會討論什麼呢？說不定是有什麼最高機密的計畫正在醞釀？
大家都會以為必定是個什麼大事，即使你可能只是想說下次開會要不要準備
甜甜圈。

全身心
投入

在男性主導的工作場所
參加會議

跟大多數女性一樣,我也不是個男人。但身為女性上班族,事實上在工作場合中也就是被男性包圍著。從政府機構到科技產業幾乎都是男性工作人員居多,所以妳必須讓每個人知道,妳去那兒不是為人倒茶泡咖啡的。以下是我最愛用的八種技巧,可以讓妳在男性主導的工作場合照樣呼風喚雨。

1. 運用運動相關術語

要問說男人真的懂些什麼，那就是跟運動相關的話題。要是有人把什麼事情做得很好，就說是「打了全壘打」。準備去上洗手間呢，就說「比賽暫停」。利用運動術語是「擊出安打、攻佔壘包」最好的辦法，在妳「丟毛巾叫停」之前勇猛向前推進。

2. 和工作伙伴單手擊掌

妳會驚訝地發現，單手擊掌就是男生表示好事的基本動作，幾乎任何狀況都能派上用場，搞定大型提案啦、休息室發現免費堅果啦，甚至是小完便洗手的時候。所以用力地單手擊掌吧！但如果覺得拍得好痛也不要讓人發現。

3. 要學會懂得跟人討論汽車

妳辦公室裡頭那些男人到最後一定都會談到汽車，所以妳也一定要學會他們知道的汽車常識。妳可以採取跟他們一樣的辦法來學習，就是多逛逛法拉利、保時捷和藍寶堅尼等名車的網站。

4. 各位的發言絕對不要像是在問問題，
就算你真的是想要問問題

有很多女人說起話來像是在問問題，即使她們不是真的要問問題。各位千萬不要這樣做。妳在說話的時候，要像是做出有力的陳述。妳的信心十足也許會嚇跑男同事，但他們一定會尊敬妳。

5. 稱讚他的襪子

男性在生活中只有兩個機會表現自己的時尚感：他們左腳的襪子和右腳的襪子。所以妳要注意他的腳，用力稱讚，灌他迷湯，讓他覺得自己花了幾百個小時挑襪子果然是沒有白費功夫。

6. 只因為妳是女人而被要求做一些事時，請一笑置之

也許有人要求妳去做個報告、去參加交際應酬或參與某個活動，只因為「那裡需要一些女性」。對於這種完全就是污辱你人格尊嚴的事情，要學會一笑置之，千萬不要把它當做不得了的事情。妳也許是滿肚子的不爽，那就留著跟閨蜜訴苦吧，而且在回家躲在房間之前千萬不要讓人看到妳哭了。

7. 惡作劇促進革命情感

在他的筆盒裡頭灑彩色金粉啦，把他的咖啡偷換成無咖啡因咖啡啦，假裝老闆的聲音在他的語音信箱留訊息，說因為市場狀況不佳，他下一季會減薪啦。妳可能會覺得這樣惡作劇會不會太過份太惡劣，但妳要是想趁早融入這個工作環境，心裡那股婦人之仁還是趁早收起來吧。

8. 引用電影《謀殺綠腳趾》（*THE BIG LEBOWSKI*）的台詞

或者是《動物屋》（*Animal House*）、《豪情好傢伙》（*Rudy*）或是《火爆教頭草地兵》（*Hoosiers*），反正就是那些他們說個沒完的蠢電影都行。

臨時會議

抗擊會議偷襲的
忍者密技

臨時會議可能會偽裝成「快速地談個問題」、「簡單地檢討一下」或者是「稍微聊一聊」，不過這種突如其來的偷襲還是會讓人覺得「今天真該躲在家裡工作別出門」。

　　臨時會議上表現聰明睿智的關鍵是在假裝鬥志高昂、現在有空和開放心胸討論任何事情的同時，也能化解任何嚴肅討論的企圖。如此一來，他們在（快步）離開的時候，也會以為你真是走道上最聰明的一位。

#41 公開表示
歡迎討論

你來找我，
我一定有空，
史蒂夫

你要馬上停下手邊工作，問同事有什麼事情。要裝得好像看到他過來就心情超好的，這就顯得你平易近人，而且作人坦誠透明一級棒。以後他們談到你的時候，就會用「友善」、「溫馨」這種詞彙，別人也就不會注意到你知識不足、天份不夠這些缺點啦。

#42 給予讚美

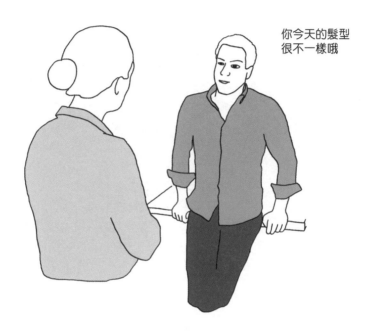

你今天的髮型
很不一樣哦

趕快給予稱讚是個非常好的辦法，好像你真的很在乎同事的到來，也會讓她
覺得有點害羞和尷尬。這時她會暫時忘記過來找你是要說什麼話，可能會讓
她陷於混亂。相形之下，你是好整以暇，以逸待勞。

#43 嚴格設定時限

兩點以後我有事，
一定要結束喔

一開始就明白說出時間限制，會讓你的同事以為你一整天的時間都很明智地嚴密規畫，一分鐘都不能浪費。所以你的同事會覺得要趕快講重點才行，如果沒辦法很快地處理，那他會用電子郵件來跟你溝通。

#44 說「我現在要先確定
不會拖延到別的事」

你知道的，
我要先查一下
日程表

當然你很意樂跟他聊一下，但你得先確定現在沒有別的什麼事情需要馬上處理。所以你就儘管花點時間查看手提電腦上的日程表和電子郵件，接著查看手機，然後又查一下平板，最後又回來看看電腦。然後才說如果沒有別的事情出現的話，看起來現在應該是有空。

#45 把別人拉進來
一起談

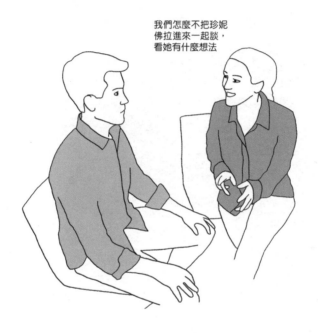

我們怎麼不把珍妮
佛拉進來一起談,
看她有什麼想法

把別人拉進來一起談,會讓你站上「連結者」的地位,好像是說什麼問題要找什麼人來處理,你都知道。等到第三人加入後,你就會剛好想起還有一個會要去開,那就讓這兩位同事繼續這場臨時會議吧,你不在場也沒關係。

#46 說你想要
把這場對話記錄下

這還是要
記錄下來才好

同事要是開始說起某項計畫的細節，你可以告訴他說這個用電子郵件來討論也許比較好，因為都可以記錄下來。要是他們說早就給你發過電郵了，那就請他們再寄一次，因為你的電郵信箱太滿，可能被埋在裡頭沒看到。然後你就花個五分鐘時間抱怨，說你一天不知道要收到多少封電郵，有多少人、多少事在等你做出回應。

#47 雖然一直在打字，也要說你在聽

請繼續說，
我在聽

傾聽的過程中不要忘記加入「嗯嗯」、「啊啊」的回應，雖然你只是在一個文字檔中胡亂打字而已。你這種左右開弓一心二用的絕技，一定會讓對方印象深刻。

#48 要求查看資料

你怎麼不把
資料寄給我？

要標榜自己「根據資料」來做決策的英明，所以在深入討論之前，先要求查看相關資料。如果同事已經備有資料，要請他提供更多資料。要是他馬上拿出更多資料，那就請他做個歸納整理再匯報。等到你拿到歸納整理匯報時，那份資料的時效早就過啦，所以你要請他再提供最新資料。

如何讓開會不像在開會
但的確是在開會

要讓開會不那麼痛苦，就是想辦法讓大家覺得不是在開會。當然啦，大家還是知道是在開會，但用些小技巧讓大家覺得新鮮有趣，不但可以提高效率，甚至會讓人感到愉快。

不過你可能會想說，大家也都明白這其實就是一場會議啊！但是你這樣不是會帶來更嚴重的失落感嗎？是啊。

以下提供三個有趣的技巧，讓你的會議感覺起來好像不是在開會，雖然的確是在開會嘛。

1. 運用運動相關術語

最好是在排定日程時，就不要用「會議」兩個字。你可以試著用不同的名字來叫它，讓大家暫時忘記開會的事實。以下是一些你可以改換的說法：

- 聚會閒聊
- 上班時間
- 站著圍一圈
- 心靈交流
- 驗脈博
- 趣味時光

- 特種時光
- 集會
- 論壇
- 出席過半
- 高峰會
- 交心大會

- 動腦約會
- 回頭討論
- 標記
- 簽到
- 進度追蹤
- 週末前歡聚

- 下午茶
- 碰面
- 市政廳

2. 為會議室取個有趣的名字

幫會議室取個酷名字這種事，早在 1976 年就開始有啦，雖然那時候也發現不太管用。所以只要幫它選個有趣的主題，就沒人發現這是個埋葬快樂的地方。

以下這些會議室主題，可以用在你的公司：

- 永遠不會實現的崇高目標：像是「宇宙奇點」、「時空旅行」、「贏得老爸敬意」和「營收破頂」。
- 比大多數人聰明而且絕對不會變成你同事的天才：像是「愛因斯坦」、「柏拉圖」或「布塞米」（Buscemi）。
- 團隊特質：例如「不守承諾」、「逃避責任」或「粗心大意」。
- 流行用語：遊戲終結者、顛覆破壞、「Uber」會議室。

3. 建立有趣的開會儀式

為開會創造出好玩的儀式，可以強迫大家感受到樂趣。這些規則可以是會議如何開始，開會時是坐是站，或者是誰在開會時擁有最高權力等等。

- 從個人分享週末計畫開始
- 每週都換人主持會議
- 頒發「本週最厲害」獎
- 開會前先冥想三分鐘
- 讓大家都坐在豆袋椅上
- 要向某人發問時，要先用發泡綿玩具槍射他
- 大家輪流傳遞「說話石」
- 以特殊的握手方式來結束會議

上台報告

不必廢話太多
也能搞定大型發表會

上台報告的關鍵，就是千萬不要在同事面前丟臉。對某些人來說，這當然需要很多的練習和精心準備。如果你不想這麼麻煩，那就按照我提供的十二項技巧來做。這些精妙無比的絕招可以掩飾你的無知，讓大家以為你一定是某方面的專家。

#49 從一個驚人的事實說起

我從來不知道我爸爸是誰

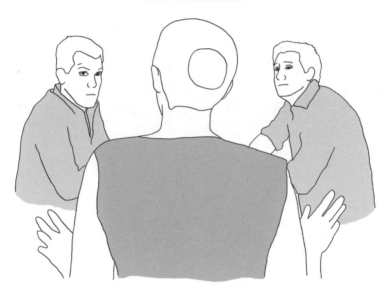

你的報告要從嗆辣而令人難忘的話題開始，例如從別人那裡偷來的故事，或是一個別人無法判別真偽的驚人事實。這不只讓你馬上抓住大家注意力一兩分鐘，而且他們會一直卡在那個嗆辣的開頭，接下來就不會仔細聆聽你在說什麼啦。

#50 帶著一支筆和幾張紙

你隨身一定要帶著一些東西,例如一枝筆、幾張紙,或者兩個都帶著也可以。
這會讓你看起來像是做了非常充分的準備,而且這些道具也很好用,比方說
拿來指著某些東西,或代表你為某些重要事情做的「筆記」,或是可以假裝
在做筆記。

#51 比較其他成功事例，來介紹你的計畫

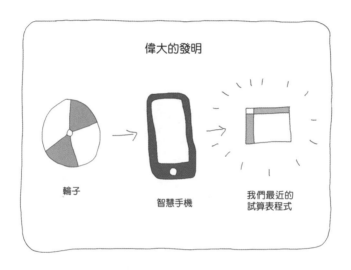

偉大的發明

輪子

智慧手機

我們最近的
試算表程式

要凸顯自己報告內容無比重要，最簡單的方法是把它排在幾樣成功事例的最後。例如你天馬行空地談到輪子、電力的使用，還有內燃機、「iPhone」手機或網路購物隔天到貨等等發明，然後接著說你要報告的計畫就像這些不可思議的重大發明一樣重要，裝得好像連你自己都信了。

#52 展示開放心態，歡迎互動

你要是有什麼想法或疑問，
可以隨時打斷我，沒關係

叫聽眾可以在任何時候舉手發問，你就可以不必做報告啦，這個辦法一定有效。尤其是你可能完全忘了準備這次報告，或是前一晚你一直拖、一直拖，拖到最後就睡著了，那麼這個辦法也就特別有用。你可以先拋出一些沒有標準答案的問題，例如：「各位想聽些什麼？」或是更尖銳地問說：「珍娜，你對公司去年的獲利有什麼看法？」當他們做出回應以後，你大可靠著牆點頭示意，又環顧眾人地問說：「還有誰有什麼看法？」

#53 每張投影片上只有一個放大的主題

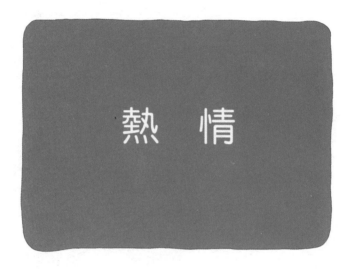

製作投影片時，只在中間擺上放大的主題。這個主題可以用黑底白字或是淺色底深色字來呈現，或者你也可以從「Google」偷張圖來做背景，再加上半透明的白色文字。開會時你要大聲讀出那個詞，然後看著觀眾說：「我希望大家都深深體會。」這時候他們要是還沒對你的聰明睿智佩服得五體投地，至少也會忙著檢討自己為什麼沒有。

#54 請別人負責播放投影片

對，打開那個檔案，
然後開始播放……

請別人來播放投影片，馬上就把你拱上權力之位，你可以發號施令：「請換下一張」、「回去剛剛那幾張」或是說「珍娜，麻煩跟上我的速度」。既然有別人負責播放，你也就可以在會議室裡頭自由走動。你可以兩手叉腰到處走，讓大家提心吊膽不知道你再來會走到哪兒去。

#55 要繼續說之前，
先問大家是否都跟上了

我現在可以繼續說嗎？
會不會說太快？大家都
跟上了嗎？

紆尊降貴故作體貼的一句「我可以繼續說嗎」，會讓你的群眾感覺像是小二學生排排坐乖乖聽故事。你可以等他們口頭上回覆，再繼續做說明。你這時候雖然是對大家詢問，但眼睛只要盯著一個人就好。就這麼稍微停一下，然後才說：「請播放下一張投影片。」

#56 故意跳過幾張投影片

嗯，這一張投影片可以跳過去。這一張也是。嗯，這一張也是。等一下，麻煩回到上一張。好的，這一張可以跳過去。

你可以從以前的檔案或同事的報告中拿幾張投影片，放進你為這次報告所製作的投影片裡頭。然後在進行講解時，把那些安插進去的投影片快速跳過：「嗯，這一張現在先跳過。」或是說：「這一張，要是有時間的話，我會再回來說明。」如此一來，大家都會覺得你超努力的，一定花了好幾個小時做出這麼超額的準備。

#57 在閃躲每一個問題之前，都要說「這是個很好的問題」

這個問題問得非常好，
我等一下再詳細說明。

先稱讚發問者，不但可以爭取時間，讓你思考如何閃躲這個問題，也會讓你看起來像是個心胸寬大慷慨為懷的會議主持人。你先說那個問題問得很好以後，就不會有人注意到你說的是：「你繼續聽下去，就會知道答案了」、「我到最後再來處理這個問題」或是「我們等結束後再繼續討論」。

#58 當高階主管說出評語時，要暫停報告，趕快記下

陶德，你這個觀點很棒！我一定要記下來。

如果是副總裁或其他高層說了評語，你要馬上暫停報告，把他的意見當場寫下來。你還要說：「席拉，這一點真棒！我一定要記下來。」記住一定要叫他的名字（或暱稱），大家才會知道原來你們是好朋友。

#59 坐在桌子的邊邊

我想道格也同意
我的看法

坐在會議桌的邊邊，會讓你表現出輕鬆自在，卻絲毫無損高人一等的感覺。你可以直接叫喚某人的名字和他對話，然後看著遠方像在沉思的樣子。這時候你的觀眾就被唬住啦。

#60 請觀眾歸納出重點

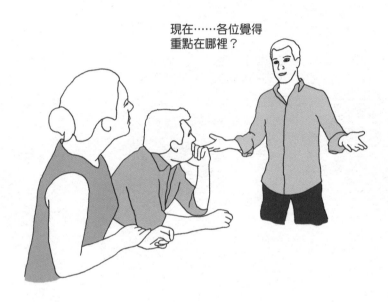

現在……各位覺得
重點在哪裡？

好的專題報告，最後都要做出重點歸納，但一個聰明的演講者一定會問觀眾，
他們認為重點有哪些。不要擔心一開始可能會有的尷尬沉默。要是大家真的
都不敢吱聲，你就點名吧！然後不管他說什麼，你都把它當成金玉良言，當
場做筆記。

解讀言外之意
會議語言的爾虞我詐

不在我的日程表上　＝　我從日程表上刪除了

按照時程注意到　＝　我已經忘記了

這個提案暫且擱置　＝　從沒聽過這麼蠢的事

你可以再說一次嗎　＝　我剛剛在看臉書

你剛剛提出的意見　＝　我在拍你馬屁

雖然如此　＝　我們什麼都沒改變喔

我們來簡化這個程序　＝　繼續談到地老天荒吧

這不必想也知道　＝　我就是不想動腦筋啊

絕對 = 可能不是

我可以問個簡單的問題嗎 = 我們會在這裡耗一段時間

很樂意對此深入討論 = 好了啦，別鬧了

有個相關議題 = 我們換個話題吧

謝謝你提到這件事 = 你待會兒就要後悔說到這個了

我覺得還不錯 = 你在說什麼我根本不曉得

關於這個我們再找些資料吧 = 我很確定，你錯了

我會盡力 = 其實只能做到最低限度

我們等一下再回來討論這個 = 這個話題該結束了吧

我會標記起來，繼續追蹤 = 你不會再看到我或聽到我囉

動腦會議

團隊中的創造核心

在動腦會議上那種必須提出新點子的壓力常常大到讓人快要崩潰。幸運的是，大多數公司最不需要的就是新點子。在這種大致沒用的動腦過程中，最重要的就是凸顯自己獨一無二的存在感，讓別人的點子看起來像是你提出來的，而且你還要大膽質疑整個動腦過程的效率，看來像是團隊領導者。各位在動腦會議上就是要表現自己才華高人一等，以下十二個技巧可供採用。

#61 離開會議室去拿水，問大家需要什麼

有人需要什麼嗎？
開水？零嘴？
咖啡？茶？

在會議開始之前，你先站起來問說有沒有人需要什麼。大家都會覺得你真是體貼周到、為人好好又慷慨，而且你還可以藉此消失十分鐘，沒人會質疑你。就算沒人說他需要什麼，你回去的時候也要帶著幾瓶水、飲料和零嘴。只要你帶去，同事們就會想要吃吃喝喝，也會覺得你真是有遠見，可以預測未來，知道大家的需要。

#62 拿一本便利貼，
開始在上頭畫畫

當有人正在說明會議主題時，你拿著一本便利貼，開始在上頭畫些根本沒意義的流程圖。這時候你的同事會在旁邊擔心地偷看你，想說你怎麼會想出這麼多複雜的點子，其實你到現在都還不曉得這場會議是要幹嘛。

#63 做一個簡單類比，
因為太簡單而顯得高深

我們現在有蛋糕，蛋糕上頭要灑點糖粉。所以糖粉是什麼？

大家正忙著搞清楚問題到底是什麼的時候，你可以用烤蛋糕或其他毫不相干的事情來做比喻。這時候你的同事都會點頭表示同意，就算他們可能根本聽不懂兩者關係何在。你說到大家暈頭轉向，他們就會覺得你真是太厲害了！創意太驚人了！雖然你只是真的很喜歡吃蛋糕而已啦。

#64 問說：我們是否問對問題

是不是要先問說，
我們這樣問是不是
正確呢？

當你勇敢提出質疑，問說大家是不是問對問題時，再也沒有比這個更聰明睿智的展現啦。要是有人問說，那你覺得正確的問題是什麼時，你就說：「我剛剛不就問了一個。」

#65 使用成語、習語或套語

真是朽木不可雕啊！

運用成語或俗語來問問題，可以展現出你細膩聰明的手法。以下這些詞語可供採擇：

- 這本身就夠好的了，何必多此一舉，弄巧成拙呢？

  （Isn't that gilding the lily?）

- 這樣也不能掩飾什麼，是欲蓋彌彰吧？

  （Isn't that putting lipstick on a pig?）

- 這是白費力氣，朽木不可雕也！

  （Seems like we're polishing a turd.）

#66 發展出一種怪異的 創意習慣來「捕捉靈感」

發展出一種怪異的習慣來「幫助思考」、「捕捉靈感」。也許是穿睡衣來開
會、在地板上打坐冥想、原地跑步、對著牆壁投球接球、拿著鼓棒幻想自己
在打鼓，或者以上這些同時給它來一遍。這時候就算你什麼點子也想不出來，
同事們早就被你的氣勢震得目瞪口呆，以為你擁有無法控制的創意超能量。

駁倒小聰明的策略運用

資料來源：TheCooperReview.com

質疑某些創意太過瑣碎，不夠大氣，會讓同事們覺得你一定是個能從大處著眼的思考者，舉足輕重，能夠開創新局。

以下是各位可以運用的句型：

－這麼做的破壞力有多大？

－能做到十倍嗎？

－這就是我們的未來？

－我認為那個根本不可行。

－這樣就會大贏？

－蘋果不是已經在做了嗎？

駁倒大創意的策略運用

資料來源：TheCooperReview.com

質疑某項規畫拉得太大，主管們就看到你對公司資源是多麼小心謹慎。

以下是各位可以運用的句型：

－這麼做的破壞力太大了吧？
－這件事要怎麼跟公司的整體計畫結合在一起呢？
－這看來像是個樞紐？
－這不是不會成功嗎？
－這個已經超出範圍了吧？
－但是這要怎麼檢驗呢？
－這在跨國市場上也行得通嗎？

#67 表達你認為 執行長會如何反應

這聽起來像是梅莉莎會喜歡的點子

你在言談之中說到執行長對這個想法會有什麼反應，同事就會認為你跟執行長的關係想必是非同一般。你要直接稱呼執行長的名字，說你下次開會時會向他報告，並且恭喜大家想出這麼一個討長官歡心的好點子。藉由拉近你和高層的關係，大家也會認為你可能就是正在接受培訓的執行長。

#68 有人提出好點子，
就說你幾年前也有同樣想法

你說的跟我想的
完全一樣欸！

要是有人提出一個大家都喜歡的點子，就說你以前也有同樣的想法。藉由這種間接收割的方法，那個好點子也像是你提出來的。

#69 碰上具備潛力的點子時，先從反面來挑戰它

這個點子聽起來好像很不錯……可是……萬一不是呢？

發現一個有潛力的點子，而且大家似乎都喜歡它時，你正好可以扮演魔鬼的辯護士。針對大家提出的假設，大膽地提出質疑。然後說你只是在扮演魔鬼的辯護士。你的同事會因此對你刮目相看，覺得你的思慮比任何人都更深入，往後三小時還是對你的深思熟慮讚不絕口。

#70 詢問說：我們是否建立正確的架構、平台或模式

我們需要建立
一個平台

當你談到要建立一個可以促成進步的架構、某種思考模式或是把某些構想導入形成一個平台時，你表現出來的就是思考格局比任何人都來得宏偉浩大。這個說法一定可以震得大家七葷八素，他們就不會曉得你其實根本狀況外，聽不懂大家在講什麼。

#71 當大家都喜歡某個點子時，大聲喊「成功！」

成功！

有時候大家會對某個點子或方向感到興奮，這時候你要把握機會，第一個大聲喊出「成功」！當然，你這樣喊出來大家都會覺得很好玩而笑了起來，但你這麼做其實也是對全場傳達出一種權威的訊息，好像你可以拍板定案，即使你根本沒有權力這麼做。

#72 在會議結束時 為大家提出的點子拍照

會議結束後，你要留下來把開會時在黑板、白板、軟木板或任何什麼板上寫的點子拍照。然後利用電子郵件把這些照片發送給其他開會的人，並且感謝大家一起參與這次成果豐碩的討論。然後呢？然後馬上把這些照片全刪啦！因為你也不會再跟他們一起合作做什麼事嘛，永遠不會。

第三部

最後步驟

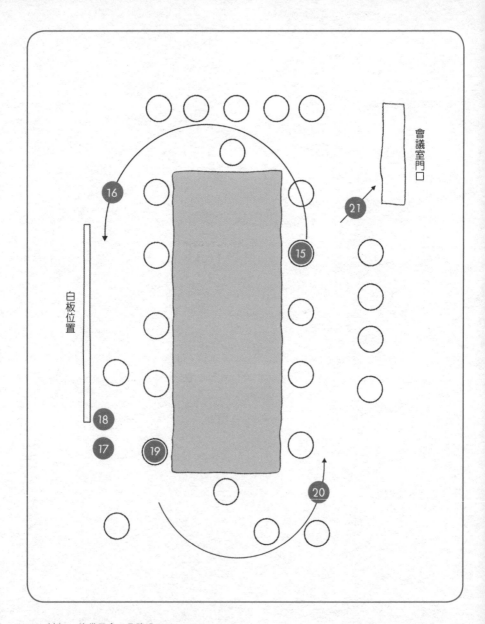

離開會議室

開會到最後二十分鐘,是要讓大家離開會議室以後都會記得你的貢獻的關鍵時刻。正因為你其實完全沒貢獻嘛,所以一定要使出最後這些會議必勝技巧,讓他們以為你的貢獻超大的。

15. 在筆記本記下要點時要誇張地點頭表示贊同。(參見技巧 # 4)

16. 在白板上寫下「路徑圖」三個字,然後把它框起來。(參見「白板戰術」)

17. 斜靠著牆,質疑說我們的思考規模是否夠大。

18. 以烘焙蛋糕來做比喻。(參見技巧 # 63)

19. 當有人問說討論是否還有遺漏時,你要回到座位上,然後說你還有一些想法,不過以後會再提出來討論。(參見技巧 # 32)

20. 請兩位同事留下來談另一個跟會議無關的問題。(參見技巧 # 40)

21. 先行離開會議室,讓其他人繼續開會。

人際交流
活動

跟不會再見面的人建立關係

在人際交流活動中最重要的事情，就是要記住：不要正面攻擊任何人。

大多數人都討厭人際交流活動，但我認為這是向那些你從沒見過或以後再也不會碰面的人打好關係的好機會，也是向他展示你的影響力的最佳時機。從你的名牌標籤的位置，到你握手致意、假裝對別人的生活感興趣，這些交流活動的每個部分都很重要。

各位在交際會場走動時要記住以下十個技巧，雖然這時候的你巴不得早點離開。

#73 當人家問你正在做什麼，回答時使用「專屬權利」、「科技」和「興奮激動」等字眼

我正在研發蹓狗的專利科技，真是令人太興奮了！

你嘴上要掛著「專利」啦、「科技」啦等等詞彙，讓平淡無聊的口頭描述增彩生色。然後一定要説你最近做的這些工作都讓你感到十分振奮，真是太讚了！

#74 不要配戴姓名牌

我不相信那個
姓名牌

你要是不按照既有規則，以你「自己的方式」來表現（也就是我在這本書中
提供的方式），看起來就會比較聰明。有一個辦法是故意不要配戴你的姓名
牌。要是有人問你怎麼沒戴名牌，就說你不相信這個牌子，你認為大家不如
面對面談一談，才能真正增進了解。他們會發現你說得很實在，也很難不贊
同你的看法。

#75 有人談起陌生話題，要假裝你聽過

你知道那個嗎？
我真喜歡！

所以你曉得最新
狀況吧？

要是有人談起你從沒聽過的應用程式、書籍或人，你也要點頭表示同意。如果他們問你對那個應用程式、書籍或人的經驗感想，就講些不著邊際的泛泛之詞，說你不敢肯定那個平台是否正確啦、那個概念有點模糊啦，或是你認為那個人在交際上很有一手。接著找個藉口告退，說你要去拿杯飲料，然後這輩子再也不要跟他碰面。

#76 大家都在喝酒的時候，你也要喝

跟你談話的那個人如果在喝酒，那麼你也要拿一杯酒。這是一種微妙的暗示，表示你現在也覺得很自在，很能融入此時此地的氛圍。也能讓大家知道，別指望你一個人喋喋不休來化解沉默啊。

#77 說你是來這裡建立人脈的

我很喜歡拓展
人際關係

讓大家知道你是來這裡建立人脈的。這就清楚地表明，你已經有一定規模的
人際關係，而且你現在想要把它拓展得更加浩大。你要運用電腦科技的比喻
來描述你的人際關係，諸如人際之間的節點和連結啦，你是怎麼在許多防火
牆之間扮演溝通的橋樑，促進知識的自由流動和分享。

人際交流活動其實都在做什麼？

資料來源：TheCooperReview.com

33%　躲開任何人

23%　假裝不是在排隊等著跟A咖說話

85%　問說今天酒吧台怎麼沒有自由開放

45%　忙著拍馬屁

99%　假裝自己讀過某本書

82%　真希望現在是待在家裡看影片

90%　跟其他邊緣人拼命哈拉假笑，不知真
　　　正被接納是什麼感覺

#78 介紹朋友時，
要假裝他們早就應該認識

我真高興！可以
介紹兩位認識

當你有機會介紹兩位朋友認識的時候，要把他們彼此素不相識當做是件誇張的大事。比方說：「我真不敢相信你不認識戴文！」或者「你竟然沒見過艾莉森？」這時候你的同事當然是對你萬分感激，也會向朋友談起你是怎麼介紹他們的，對你這位社交高手非常崇拜。

#79 有人來要名片時，
說你可能還剩下一張

哎，糟糕！我的名片好像都發完了！

一定要假裝自己的名片好像都發完了，然後好不容易又掏出最後一張。這會讓你在交際場上看起來非常熱門，很受歡迎，而且也會讓對方覺得這最後一張名片得來不易，好像比較珍貴，至少多保留幾個小時才會被扔掉。

#80 請對方說說他自己的故事

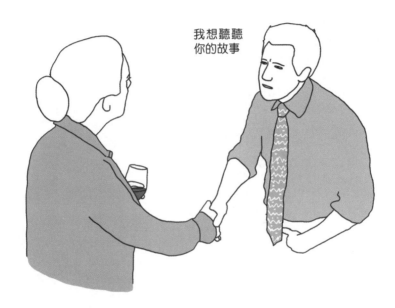

我想聽聽
你的故事

絕對不要問別人是做什麼的，而是請他說說自己的故事。如果他還是回答「職業」，你要說：「當然，你是做這個的，但這不能說明你是怎樣的人。」然後再請他說說自己的故事。你這樣的要求，就像是請他回答一個他自己也不知道答案對不對的問題，他會因此覺得自己有點笨，那麼相較之下你就比他聰明多囉。

#81 要是有人問你現在正做什麼，要故作神祕

我是很想多說一點，不過你需要簽個保密協定

對於別人問你現在正在做什麼，你要擺出低調、祕密、不能公開的姿態，不要具體且詳細地說明。你要說，這件事要是不簽個保密協定，你是不能透漏太多細節的。你越是裝模作樣，看起來就越厲害，對方也就越相信你一定是在進行什麼重要計畫，絕對想不到你成天只是在維基百科的網頁上看恐龍資訊。

#82 要離開談話圈時，
就說還有些人在等你過去

我不能讓他們
等太久

要從一場沒什麼意思的對話中脫身可不是件容易的事，更不要說你每一小時可能都得擺脫十八個這種無聊的對話。有個很棒的方法是說，還有些人正等著你過去。光是「有人正在等你」就會讓你顯得很有份量，而且你還不好意思讓他們等太久，那麼你看起來一定是公司的精英份子囉。你的同事一定會偷偷猜想到底是誰在等你（計程車司機啦）。

人際交流時段的手勢指南

在人際交流時段最常見的失敗，通常時不曉得自己的雙手該做些什麼。如果你只是兩手毫無意義地亂揮亂舞，就算你擁有全世界最有趣的頭銜，恐怕都沒人想跟你說話。為了避免這種人際交流上的災難，以下提供幾個安置雙手的建議。

1. 用一隻手輕鬆地拿杯飲料，然後換到另一隻手，然後再換回來。

2. 要是有人問你飲料好喝嗎，就用這個手勢表示不錯。

3. 兩手插在手袋裡，讓大家搞不清楚你有沒有戴婚戒，增加一點神祕感。

4. 兩手叉在胸前，讓大家知道你見多識廣，不容易大驚小怪，而且也表示這裡有點冷。

5. 招呼服務生帶開胃菜過來，同時向大家展示你很習慣接受高檔服務。

6. 跟餐廳助手揮手招呼，讓大家曉得你對於服務人員總是很有禮貌。

7. 有人跟你説她剛剛搬回老家跟爸媽住的時候，你掩著嘴巴表達你的震驚。

8. 拿起你的信用卡，讓大家知道你因為這幾杯飲料得到一些紅利點數。

9. 用手披著外套，讓大家去猜你為什麼不信任櫃台的衣帽間。

10. 這種深沉自省的姿態讓大家都明白你是多麼地深沉自省。

11. 雙手背在背後緩慢踱步，靜靜地品評眾人。

12. 聆聽某人的商業計畫時，若有所思地調整眼鏡。

13. 誰可以得到大家的肯定而且喜歡開會呢？就是我啦！

14. 順一下眉毛，表示你注重自己的外觀。

15. 運用這個手勢，讓那個剛剛獲得金援創辦新事業的人再說一次他得到多少資金。

16. 開玩笑地找酒伴比賽空手道，假裝你會空手道。

17. 打呵欠可能被視為沒禮貌，但説你只是前一晚熬夜太累了，不是覺得無聊。

18. 在場的大家都掛著「副總」頭銜，卻沒人覺得奇怪，你可以抓抓頭表示疑惑。

19. 你看到某個傢伙過來,可是你不想跟他講話,就趕快塞進一大口食物,然後指指嘴巴。

20. 舉起大姆指往後一比,讓大家知道你要轉檯了。

21. 憑空打鼓,讓大家見識一下你的音樂假素養。

公司之外的
團隊活動

參與企業文化俱樂部

要在公司之外的團隊活動中展現聰明睿智,你必須在外表和精神上同時進行
強力武裝。雖然現在的團隊活動不會再有傳統的信任後仰(放鬆地往後倒讓
隊友接住你),但可能還是需要在大家齊聲吶喊中玩個什麼即興遊戲,或其
他可以展示你和團隊同心協力的活動。

　　這樣才能表現出你自己的成長而且學到一些東西,並且也鼓勵他人的學
習和成長,並期望未來大家都有更多的學習和成長。

#83 穿上運動服裝
或瑜珈褲

你要穿上瑜珈、跑步、健身或網球專用服裝現身。在活動開始之前,先稍稍做一下暖身操。這會讓大家以為你過去一年來已經有充分練習。好處是:你要是一個小時以後覺得累了,剛好穿著瑜珈褲打個盹。

#84 說你真希望
天天都能這樣活動

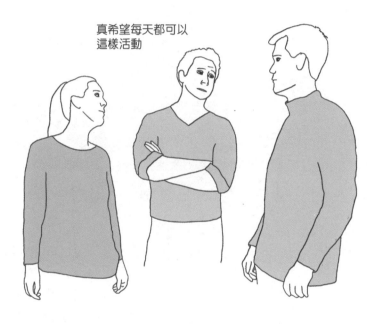

真希望每天都可以
這樣活動

就算你只是待在飯店的會議室，只想躲在桌子底下睡大覺，都要對離開公司在外頭活動裝作很感興趣的樣子。

#85 硬是把活動和團隊最近的狀況扯上關係

這讓我想到，我們要一鼓作氣，在這一季的最後把所有事情搞定

沒錯

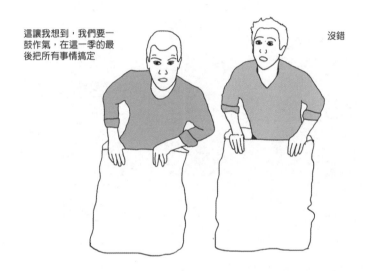

拔河比賽？就說你在公司裡頭也常常為了爭取資源到處拔河。大家組成人肉盾牌？就說你常常覺得公司對你的保護似嫌不足。碰上數學謎語？就說你多麼討厭數學。把這些無聊的活動扯到團隊狀況，會讓你的思考顯得非常深奧。

#86 問說這些活動 如何融入員工會議之中

我希望這些點子都能
納入每天的例行會議

你評論說這些活動真是太有趣啦，而且大家都這麼團結合作。然後問說：「我們每天的例會要怎麼做到像這樣呢？」你說為了公司的未來，這個問題值得大家一起來思考。

#87 要求「能量檢測」

大家的能量
高不高啊？

午餐之後問大家的能量高不高，說你想管理一下每個人的能量值。讓大家都
知道，維持高昂能量很重要，要是能量值低落，可能就需要做點提升能量的
活動。

#88 毫無理由地歡呼

喲喝！團隊加油！

每隔一段時間就來聲歡呼：喲喝！團隊加油！。你的熱情表現會讓你看起來的確是團隊的一員。

#89 說你真的很喜歡自己的同事，而裝得好像是頭等大事

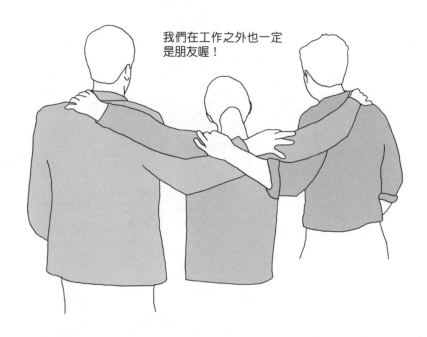

我們在工作之外也一定是朋友喔！

雖然每天跟一群被動攻擊型的人在一起有多麼煩人，但還是要裝模作樣地看著同事們，好像你是第一次看見他們一樣。然後說你真的很喜歡大家，你能跟這群這麼酷的團隊一起工作，是多麼地幸福啊！這會讓你的同事覺得自己很特別，而且你做人好好，好關心大家喔。

#90 大家一起擊掌歡呼

活動結束後，要跟大家一起擊掌歡呼或擁抱，說你覺得這次活動辦得超棒的，要大家一起拍手鼓勵主辦單位。這樣一來，那個主辦單位也就不好推辭，只能再接著辦下一次活動，你就完全置身事外啦。

歷史上著名的會議

歷史上有幾個很出名的集會，我們可以從中學到什麼呢？利用這些歷史養分來灌漑你的團隊，大家就能一起走向成功，而你的聰明才智也因此顯得超越時間和空間。

埃及金字塔

公元前 2630 年

你可以想像一項工程計畫，如果要依據管理指標來加以追蹤，可能要跨越世代、跨越好幾輩子嗎？古埃及人就有這樣的工程。他們的工程計畫常常一搞就是幾百年，這對我們製作每季計畫應該很有啟發吧。

特洛伊木馬

公元前 1190 年

在所有辦法都試過、都無效之後，希臘人假裝收兵放棄，但其實是躲在一隻很大的木馬裡頭。不用說，當初這個點子提出來的時候，大家一定覺得這真是太瘋狂了！而且要是無效的話，某個傢伙肯定就要丟工作。

耶穌的最後晚餐

公元 33 年 4 月 1 日
星期三

你以為星期三晚上被叫去交際應酬參加晚宴的只有你嗎？耶穌在他那個時代就像個副總裁嘛，然後完全遵照上級執行長的指示去參加一場豪華晚宴。後來過沒多久他就獲得升級，晉升到最高位子啦。

英格蘭圓桌武士

公元 450 年

亞瑟王的桌子是圓的，因為在座的每個人都擁一樣的權力。現在矽谷的企業界也正在進行全體共治的「零管理」（holacracy）遊戲，不過權力分配這種事情可說是由來已久，而且根據古老的傳說，他們的戰術會議仍是效率驚人。

梵蒂岡的西斯廷禮拜堂

公元 1508 年 5 月 10 日

現在這個時代要找到優秀的建築包商很不容易，是吧？時間回到 1508 年的時候也是這樣，一開始要花七年才說服米開朗基羅接下這個工程，後來他又花了十一年才完工。幸運的是，他在那段時間一直都會報告進度，而且讓大家都能專注在偉大遠景，意志毫不動搖。

女性投票權

公元 33 年 4 月 1 日
星期三

那一年終於有一位女人，美國麻州阿克斯布里奇的莉迪亞．塔虎脱（Lydia Taft）獲准在市鎮會議上投票。這是女性在會議上的第一次勝利，也一直到現在都鼓勵著所有的女性朋友，只要她們懂得保持微笑、什麼都說好，也是可以在世界各地的會議上發言。

美國第二屆大陸會議

公元 1776 年

當時的北美十三州臨時政府其實沒人有權力做任何事情，但他們不管，反正就是做了。這是我們已知最早採用「先做再說」策略的團隊，寧可事後道歉也不在事前先報備，可說是為「Google」公司的「20%時間」政策創下先例，後者是說只要你每週幹滿六十個小時，其他時間就由你自由支配、隨意發揮。

紐約五大家族會議

公元 1931 年

這是紐約黑手黨五大家族第一次開會達成共識，建立一些規則，也可以算是現今「PayPal 黑手黨」很早以前的先例吧（譯按：「PayPal Mafia」是指「PayPal」公司前員工跳槽開設的幾家成功企業）。不過這場會議最厲害的，是那個安排時程的人。從後勤支援的角度來看，要找到一個各家族老大都有空的夜晚，恐怕是比河上漂來一具屍體還要難得十倍吧。

〈四海一家〉（We Are the World）演唱錄音

1985 年 1 月 28 日

你要是曾經跟一位「搖滾巨星」一起工作一整晚，那你可能就會明白當年灌錄〈四海一家〉是什麼感覺。值得慶幸的是，當時那些大明星都放下自我，熱誠無私地參與（據說門外貼著一個告示牌說：「把你的自大留在門口」）。

超強開會術讓你更上一層
（或是直接丟工作）

各位讀者中有一小部分可能已經掌握訣竅，能在開會時展現聰明睿智，並且因此而獲得多次升遷。大多數開會已經超過一萬五千小時，正處於職業生涯中間階段的管理階層可能都辦得到，但是接下來的一萬五千小時又該怎麼辦呢？所以各位需要再學點更高深的戰術囉。

以下這些超強企業領袖的實例雖說未經證實，但他們在開會時展露難以掩藏的光芒萬丈也許可以為大家帶來一些啟發。

高空跳傘電話會議

抱歉啦！各位。到了一萬英呎以下，我就無法再跟各位連線囉。

2012 年夏天，某知名科技業高管搭直昇機在空中盤旋，底下就是公司正在開會的會議中心，他直接從直升機連線參與會議。他在空中演說完畢以後，就直接從直升機跳下來，讓歷史上所有的電話連線會議都相形失色。

獨享大餐的午餐會議

據說舊金山有某位高階主管從來不在公司開會。他叫整個團隊到他的水上豪宅，在他家的豪華餐廳開會。然後他自己一個人獨自享用私人廚師的精心烹飪，大家餓著肚子為他做報告。

帶著按摩師去開會

還有一位知名的科技業高管據說是邊開會邊接受按摩，說它可以促進「有機決策過程」。他直接帶著按摩師去開會，按摩師還帶著按摩椅，開會時按摩師按著他的脖子，他還會嗯嗯啊啊地做回應。

連續數天的密集會議

大家要是能在會議室坐一整天、連續給它坐好坐滿五天，還有什麼問題不能解決呢？若有重大規畫、想要提升團隊動力或是針對產品進行改善，需要長時間的密集討論，即可找人來準備這樣的會議；可以提供升遷機會作為獎勵，讓他們來主辦會議（但是想出這個點子的功勞當然還是歸功於你）。

　　各位要牢記在心的是，這些瘋狂的開會大暴走會直接讓人以為你一定很厲害。但是你要先確定，這麼做應該是不會丟工作或一定不會丟工作才可以安心地暴走（比方說執行長就是你本人啦，或者是公司高層正巧有樁性騷擾案件在進行，而你剛好就是相當可靠的證人）。

商務晚餐

被迫參加交際應酬
也要展現聰明

你的行程表上如果有一個商務晚餐，表示你正走在光明大道上，正向著身分和地位前進。你不但可以向同事們先行告退，說你晚上有個飯局，還可以告訴家人今晚不回家吃飯，因為你有個重要的飯局，還要打電話跟你媽說：「媽，對不起！我晚上有個飯局。」

　　不過，你一旦參加這種交際應酬，就要使出渾身解數，絕對不能讓人看扁，讓他們知道你根本不夠資格待在這兒。

商務晚餐的話題

資料來源：TheCooperReview.com

可以閒聊的主題

李歐納・柯恩（Leonard Cohen）
你的桌遊玩伴
冥想
日夜托嬰保姆
百老匯
鴨子烹飪
說故事的妙用
電視節目《紐約嬌妻》
（Real Housewives of NY）
喜愛的蔬菜
鐵人三項的訓練
太空探索科技公司（SpaceX）
人道救援活動
科技的未來
爐烤脆皮豬肉（Porchetta）

應該避免的話題

美國的演講社團活動
為任何東西傳教
你個人的「實驗」
你最喜歡的獵槍
外星人陰謀論
你進行試管嬰兒的努力
電視節目《紐澤西貴婦的真實生活》
（Real Housewives of NJ）
怨嘆自己錯失的職業生涯
分享你年輕時被逮捕的蠢事
身體功能的問題
培根肉

#91 帶著手提電腦背包

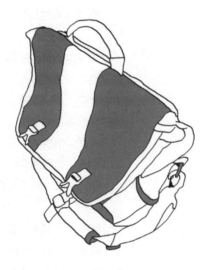

你去參加商務餐會，一定要帶手提電腦的背包去。背包裡頭可以沒有電腦，
只要帶著背包去，你看起來就像是吃完晚餐以後還要回家工作的好青年。

#92 向鄰座耳語並大笑

馬克的拉鍊一整天
都開著

靠過去對你鄰座的耳朵說點什麼,從「這裡好冷,對吧?」到「沒有麵包棒嗎?」或是「你知道這個什麼時候才會結束啊?」說什麼都好。不管你說什麼,都會讓你看起來像是在討論祕密而且必定是重要的事情。

#93 請服務生介紹，
然後點菜單上沒有的餐點

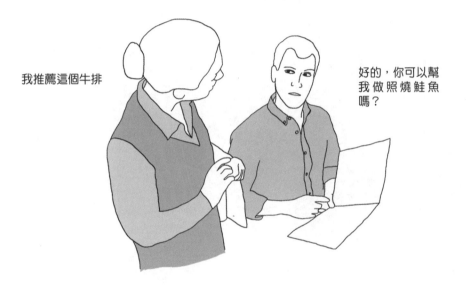

我推薦這個牛排

好的，你可以幫我做照燒鮭魚嗎？

尋求建議會讓你看起來很聰明。而要求建議之後又完全忽略它，讓大家懷疑你何必先問別人意見又不聽，這樣就像個企業執行長啦。

#94 點選飲料

點選飲料的時候，也有好幾種方法來展現你的聰明。

如果點葡萄酒：要問這瓶酒是什麼時候開的，顯示你非常注重葡萄酒的品質。

如果點特調雞尾酒：你一定要點一種大家都沒聽過的異國風味雞尾酒，如此才能顯出與眾不同的開拓者風範。

如果點啤酒：可以的話就點選可以反映出你闇黑執行長黑色魂靈的黑啤酒。

如果只要水：服務生如果只是端一杯開水過來，要賞他一個白眼表示不行（參見「情感智力計畫」）。

#95 要看著同事的眼睛，
用外國話說「乾杯」

Egészségedre!

你要特別提醒大家，敬酒時要是不互相看著對方，會倒楣七年只會碰上爛桃花！這讓你看起來好像很關心傳統，對於歷史什麼的很淵博。而且你要學會一些表示「乾杯」的外國話，這讓你看來超有國際觀，好像都在處理跨國大事業。

#96 有人問你「下一季最期待什麼」，要回答「創新」

創新最讓我
感到振奮

如果談到一些即將發生的事情（而且是一定會來的），你要談「創新」。你可以聊聊跟創新有關的努力和一些創新帶來的機會。

#97 鼓動別人說點話

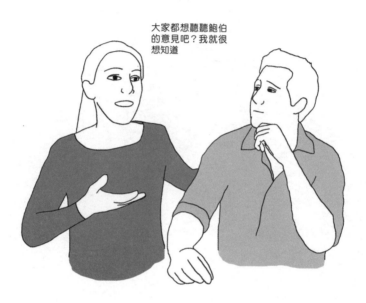

大家都想聽聽鮑伯的意見吧？我就很想知道

要把會議桌上資格最老的那一位拱出來講話，談談未來的展望。要是資格最老的就是你，那就叫最近剛加入的菜鳥出來說說，他最欣賞新團隊的哪些特點。

#98 稱讚他人意見，
然後拿出手機記下來

你說得太好！我要把它記下來……「義式咖啡……星期一」

同事要是說出他認為有趣的看法，你可以假裝大為驚艷，說你要記下來。然後就拿出手機把它記下來。這會讓你像是很有權力，可以為他剛才的看法採取任何行動似的。而且你還可以趁這個機會滑滑手機，看看有沒有人傳什麼訊息給你。

#99 建議換位子

要不要換個
位子？

如果是西式長桌的話，你一晚上可能都要跟同樣的人說話。所以你要是請求其他來賓跟你交換座位，現場氣氛就會顯得更為活絡，你也能藉此表現注重交誼的一面，同時你也就擺脫原本的談話對象，不必跟他聊得太過深入。

#100 說「明天提醒我那件事」

你明天再提醒我
那件事好嗎？

如果有人提出工作相關的事情，請他明天再提醒你一次。反正等一下大家就
喝茫就忘啦，他根本不會記得要提醒你什麼，但你在說的當下就顯得你很重
要。這才重點吧！

最後追加

不開會的時候
照樣大顯身手

就算不是在開會的時候，你也要繼續展現聰明睿智。

1. 表達感謝的 e-mail

每次開完會以後，要向所有參加會議的人發送電子郵件，感謝他們花時間出席。並且感謝主辦單位或人員，感謝負責會議記錄的人。還要感謝那個帶零嘴小吃來的人。要是沒有人帶零嘴，那就建議下次應該要準備一點吃食。

2. 起來走動時，讓電腦開著

但記得在你的筆記電腦上加裝防止旁人窺視的保護貼片，這樣就沒人會發現你剛剛其實在看新聞。

3. 一定要使用「從手機發送」的簽名檔來發送 e-mail

不管你的 e-mail 是透過什麼裝置發送，一定要使用「從手機發送」的簽名檔。這會讓你看起來好像都很忙的樣子，總是在四處移動，電郵中萬一出現錯別字，別人也比較會體諒你。

4. 說你行事曆上頭沒記下這次會議

你也可以故意不出席開會，就說你的行事曆上頭沒記下這場會議。要是大家因為你沒到場就開不成會議，那麼他們就會知道你有多重要囉。

5. 建議開個會

當電子郵件串已經超過二十五個回覆時，一場爭取效率的比賽就開始囉！而且是第一個建議開會的人會是贏家。你就是要當那個贏家！馬上建議大家開會討論。

6. 要求事後討檢

計畫被取消時，要召集大家做檢討，看看哪些地方出問題。要說你很想聽聽大家的說法，從別人的錯誤中學習。

7. 抱怨說你有多少會議要參加

你一定要常常抱怨說自己有好多好多會議要開，但絕對不必老實招供，就把別人說的會議次數加倍吧。你真的好忙！好多會議要開啊！

8. 針對沒效率的會議發送備忘錄

發送備忘錄給大家，說你多麼希望開會可以更有效率。

9. 找個你討厭的同事排定一場「快速對談」會議

然後在最後一分鐘延期，但不做任何解釋。他要是問說這個會議的主題是什麼，你就說開會的時候再說，但你知道這場會議只是個幌子，根本沒要開啊。

10. 為了減少開會次數而排定一次會議

召集大家一起關在會議室，然後質疑說是不是有哪一天完全不必開會，或者會不會有整個早上或下午都不必開會的時候。就用這些嘮嘮叨叨把會議時間耗完，然後又決定安排一次會議繼續討論這個議題。

致謝

非常非常感謝閱讀和分享我許多文章的大家，這些文章原本是在「Facebook」、「Twitter」和其他一些媒體上發表。感謝社群媒體上的各位像個大家庭，一直對我提供支持、想法和回饋。感謝 Matt Ellsworth、Tamara Olson 和 David Bishop 三位校讀每篇文章的草稿並加以修訂。感謝 Christian Baxter、Sophie Gassée 和 Jeffrey Palm 三位，他們是我勇敢大膽且可靠的開會模範。感謝 Ossie Khan，他是我的高空跳傘專家。感謝 Susan Raihofer（還有 Christina Harcar，是她介紹我們認識），她是全世界最酷的經紀人，也是最好的午餐約會對象。感謝耐心世界第一名的編輯 Patty Rice。感謝出版商 Andrews McMeel 的團隊支持這個出版計畫，也感謝大家歡迎我加入其中。感謝我的姐姐 Charmaine，她要一直忍受我無止無休的簡訊騷擾。感謝我的媽媽、爸爸、Rachael、George、Susie、Ryan、Tyler、Irene the Fourth、Irene the Fifth，還有最重要的，我的丈夫 Jeff，他總是逗我笑，讓我繼續向前。我愛你！

人生顧問叢書 273

這樣開會，最聰明！——有效聆聽、溝通升級、超強讀心，史上最不心累的開會神通 100 招！
100 Tricks to Appear Smart in Meetings: How to Get By Without Even Trying

作者—莎拉・古柏（Sarah Cooper） 譯者—陳重亨 主編—Chienwei Wang
企劃編輯—Guo Pei-Ling 美術設計—Winder Design 董事長—趙政岷 總編輯—余宜芳

出版者—時報文化出版企業股份有限公司 108019 台北市和平西路三段 240 號 3 樓
發行專線—(02)2306-6842 讀者服務專線—0800-231-705．(02)2304-7103 讀者服務傳真—(02)2304-6858
郵撥—19344724 時報文化出版公司 信箱—10899 臺北華江橋郵局第 99 信箱
時報悅讀網— http://www.readingtimes.com.tw 法律顧問—理律法律事務所 陳長文律師、李念祖律師
印刷—勁達印刷有限公司 初版一刷—2017 年 09 月 22 日 初版八刷—2024 年 01 月 04 日

定價—新台幣 320 元

ISBN 978-957-13-7131-3
Printed in Taiwan

100 TRICKS TO APPEAR SMART IN MEETINGS: How to Get By Without Even Trying
by Sarah Cooper
Published by arrangement with Sarah Cooper LLC c/o Black inc.,
the David Black Literary Agency through Bardon-Chinese Media Agency
Complex Chinese translation copyright © 2017
by China Times Publishing Company
ALL RIGHTS RESERVED

這樣開會，最聰明！：有效聆聽、溝通升級、超強讀心，
史上最不心累的開會神通 100 招！ / 莎拉．古柏（Sarah
Cooper）作；陳重亨譯 -- 初版 -- 臺北市：時報文化，
2017.09 176 面；14.8×18 公分 -- (人生顧問叢書；0273)

ISBN 978-957-13-7131-3（平裝）
1. 心理勵志

494.4   106015517

時報文化出版公司成立於一九七五年，並於一九九九年股票上櫃公開發行，
於二〇〇八年脫離中時集團非屬旺中，以「尊重智慧與創意的文化事業」為信念。